Über Luft und Lüftung der Wohnung

und

verwandte Fragen.

Von

TH. OEHMCKE,

Regierungs- und Baurat a. D.

MÜNCHEN und **BERLIN** 1904.

Druck und Verlag von R. Oldenbourg.

Sonderabdruck aus dem ›Gesundheits-Ingenieur‹.

Über Luft und Lüftung der Wohnung und verwandte Fragen.[1])

Von Th. Oehmcke, Regierungs- und Baurat a. D., Gr.-Lichterfelde.

Die Schädlichkeit schlechter Luft in menschlichen Aufenthaltsräumen für die Gesundheit wird meist sehr unterschätzt. Es mag dies zum Teil daran liegen, dafs die wissenschaftliche Forschung betreffend die Beziehung zwischen dem Mafse einer bestimmten Luftverschlechterung und dem Mafs der von ihr veranlafsten Gesundheitsschädigung bis in die jüngsten Jahrzehnte wenig allgemein befriedigende Erfolge aufzuweisen hatte, und dafs die Meinungen darüber, welche Bestandteile oder welche Eigenschaften verdorbener Luft im einzelnen die Gesundheitsbeeinträchtigung hervorbringen, auch jetzt noch immer in der Klärung begriffen sind.

Bei der Besprechung der Beziehung von Einatmung verdorbener Luft zu einer daraus entstehenden Gesundheits-

---

[1]) Die nachstehenden Ausführungen folgen einem im März vorigen Jahres im Architektenverein zu Berlin vom Verfasser gehaltenen Vortrage. Der Inhalt jenes Vortrages ist im wesentlichen hier nur an einer Stelle erweitert, namentlich durch Mitteilung der Ergebnisse von in allerjüngster Zeit angestellten, dem Verfasser erst nachträglich bekannt gewordenen, bemerkenswerten wissenschaftlichen Versuchen, welche den Gegenstand des Vortrages näher berühren.

störung wird man zu unterscheiden haben, ob es sich um dauernden oder um vorübergehenden Aufenthalt in mit solcher Luft angefüllten Räumen handelt.

In dem für die Lüftungswissenschaft in Deutschland grundlegenden, 1858 erschienenen Buche Pettenkofers »Über den Luftwechsel in Wohngebäuden« wird angeführt, daſs Kasernen und Gefängnisse die sprechendsten Beweise dafür liefern, wie gefährlich es ist, gewisse Grade der Luftverderbnis überschreiten zu lassen. Man hätte Beispiele, daſs in Gefängnissen die Zahl der jährlichen Todesfälle auf die Hälfte herabgesetzt worden wäre, nachdem die Belegungszahl dieser Gefängnisse auf die Hälfte eingeschränkt worden und dadurch die Luft in den Zellen verbessert worden wäre. Beispielsweise wären nach Herabsetzung der Belegungszahl irgend eines Gefängnisses von 1000 auf 500, von 500 Gefangenen — wie Pettenkofer anführt — jährlich nur 25, also 5%, gestorben, während vorher von den 1000 dort untergebrachten Gefangenen 100 oder 10% gestorben wären.

Bezüglich eines der wichtigsten Fälle der Gesundheitsschädigung durch »vorübergehenden« Aufenthalt in verdorbener Luft, nämlich bezüglich der üblen Einwirkung der Schulluft auf die Kinder, sagt Pettenkofer an derselben Stelle: »Alle Väter und Mütter wissen, daſs die Gesundheit ihrer Kinder durchschnittlich häufige Störungen zu erleiden beginnt, sobald sie anfangen, die öffentlichen Schulen zu besuchen. Wenn sie sich in den Ferien wieder erholt und wieder ein blühendes Aussehen gewonnen haben, so bleichen sie bald wieder ab und kränkeln häufiger, wenn die Schule wieder beginnt. Pettenkofer macht für diese unerfreuliche Erscheinung die üble Wirkung der Schulluft, wie erwähnt, in erster Linie, daneben selbstredend aber auch noch andere Ursachen verantwortlich.

Pettenkofer und der ebenfalls schon verstorbene grofse englische Forscher Parkes heben in übereinstimmender Weise die zwiefache Wirkung schlechter Luft hervor. Sie setze die Widerstandskraft des menschlichen Körpers herab und übertrage in zahlreichen Fällen unmittelbar die Krankheitserreger auf ihn.

Fr. Renk (Dresden) vergleicht die Wirkung verdorbener Luft auf die Atmung mit der Beeinträchtigung der Ernährung durch winzige Beimischungen nicht wohlschmeckender Stoffe zur Nahrung. Schon die Vorstellung der Anwesenheit solcher Stoffe in den Nahrungsmitteln könne Ekel erregen. Er bemerkt zutreffend: »Die Menschen haben es gelernt, einen sehr bedeutenden Faktor der Luftverunreinigung aus ihren Wohnungen zu beseitigen, den Rauch der Feuerungsanlagen; noch erübrigt es ihnen, auch die ganze Menge der übrigen Luftverunreinigungen ihrer Aufenthaltsräume zu bekämpfen.«

Rietschel und Baginsky, welch' letzterer unser Geruchsorgan als »den Wächter der Lungen« bezeichnet, haben ihrer Überzeugung von der verderblichen Wirkung übler Luft auf den menschlichen Körper beredten Ausdruck gegeben. Virchow betont, dafs insbesondere

1. die schlechte, durch den Aufenthalt vieler Kinder verdorbene Luft der Schule,
2. die durch den Wechsel des heifsen Schullokales mit der freien und kühlen Luft,
3. der Staub der Schule
4. die durch das anhaltende Sitzen verschlechterten Atmungsbedingungen der Schulkinder

als Quellen der Schwindsucht betrachtet werden müfsten.

Eine Feststellung der verhältnismäfsigen Sterblichkeit an Schwindsucht und den anderen Lungenkrankheiten bei Männern in der Altersklasse von 45 bis 65 Jahren ergab für die verschiedenen Berufe, wenn man die Sterblichkeit

der Fischer, die sich des Genusses der reinsten Luft er-
freuen, = 100 setzt, nach Ogle[1]):

1. für Gärtner eine Sterblichkeit von . . . 117;
2. für Schneider eine solche von 238;
3. für Buchdrucker, die sich in sehr schlechter Luft aufzuhalten pflegen, eine Sterblichkeit von 317,

also mehr als das Dreifache von der Sterblichkeit der
Fischer.

Dafs man die in diesen Zahlen ausgedrückte grofse
Verschiedenheit der Sterblichkeit der verschiedenen Berufe an Schwindsucht und anderen Lungenkrankheiten
insbesondere auf die Beschaffenheit der Atemluft, auf
welche die Angehörigen jener Berufe angewiesen sind,
und auf das Mehr oder Weniger der Zeit des Aufenthaltes in geschlossenen Räumen zurückführt, dürfte verständlich sein.

Rubner sagt, es lasse die Tuberkulose im ganzen
sich als eine »Stubenkrankheit« bezeichnen.

Auf dieselben Schlufsfolgerungen wie die vorstehenden führen sehr zahlreiche andere vergleichende Massenbeobachtungen der Sterblichkeit innerhalb verschiedener
Berufe, und werden die vorerwähnten Meinungen der
Forscher über die grofse Schädlickeit schlechter Atmungsluft durch diese Massenbeobachtungen voll bestätigt.
Allerdings ist das Bild der Fälle, wo es sich um dauernden Aufenthalt in solcher handelt, klarer, als wo vorübergehender Aufenthalt in Frage kommt.

Nach vorstehendem mufs man sich fragen, worauf
beruht im einzelnen die üble Wirkung schlechter Luft in
mit Menschen besetzten Räumen? Die Beantwortung der
Frage hat die Wissenschaft lebhaft beschäftigt. Man

---

[1]) Siehe Rubner, Lehrbuch, Kapitel: Gewerbehygiene.

glaubte, auf die Anregung Pettenkofers hin, neben gewissen, durch die Atmung veranlaſsten Veränderungen der Luft, für diese üble Wirkung vor allem ein Menschengift (Anthropotoxin) verantwortlich machen zu müssen, welches durch die Atmung und die Hauttätigkeit des Menschen erzeugt würde, und welches die Luft geschlossener Räume verdürbe.

Pettenkofer machte sich bei seinen Untersuchungen die Förderung zunutze, die die Lüftungswissenschaft in ihren Anfängen in Frankreich erfahren hatte. Für den Neubau des Zellengefängnisses Mazas in Paris war schon eine gröſsere Abordnung der bedeutendsten Gelehrten im Jahre 1843 damit beauftragt worden, die beste Art der Lüftung der Zellen zu beraten. Diese Abordnung hatte schon ein bestimmtes Mindestmaſs des erforderlichen Luftwechsels festgestellt, d. h. die Menge frischer Luft ermittelt, die für Kopf und Stunde zur Verdünnung der Verschlechterungen der Zellenluft und zur Verhütung eines gewissen Grades der Luftverderbnis zuzuführen wäre. Schon damals hatte man eine Art Kohlensäuremaſsstab angewandt, indem man fleiſsig den Kohlensäuregehalt der Luft gemessen und seine Abnahme mit der Menge der eingeführten frischen Luft verglichen hatte.

Pettenkofer empfahl in dem erwähnten, 1858 erschienenen Buche den Kohlensäuregehalt einer Zimmerluft ausdrücklich als Maſsstab für die durch Atmung und Ausdünstung des Menschen erzeugte Luftverschlechterung. Auf Grund umfassendster Versuche mittels seines Geruchsinnes und dem anderer erklärte er, daſs der Grenzwert von 1 Raumteil Kohlensäure von 1000 Teilen Luft bei ständigem Aufenthalt nicht zu überschreiten sei. Auſsenluft hat, wie wir einschalten möchten, 0,3 vom Tausend Kohlensäuregehalt. Er erklärte ferner, daſs bei Krankenhäusern die Grenze von 0,7 vom Tausend festzuhalten sei.

Damit wollte Pettenkofer nicht aussprechen, dafs
die durch die Atmung bewirkte Kohlensäurevermehrung
die einzige oder auch nur die Hauptschädlichkeit der
verbrauchten Luft wäre, sondern er ging nur davon aus,
dafs der Kohlensäuregehalt mit der Summe der durch
die Anwesenheit der Menschen erzeugten Luftverschlechterungen gleichliefe.

Der Kohlensäuremafsstab hat bis in die neueste Zeit
im wesentlichen unangefochten in der Lüftungswissenschaft
zu Recht bestanden. Nach ihm hat man in erster Linie
die Menge der den verschiedenen Arten von Aufenthaltsräumen zuzuführenden frischen Luft oder den durch die
Lüftungsanlagen zu erzeugenden stündlichen Luftwechsel
festgestellt. Die zahllosen ausgeführten künstlichen Lüftungsanlagen haben nach diesem Mafsstabe, wenn auch
meist nur mittelbar, ihren Umfang und ihr Gepräge er-
halten.

In jüngster Zeit sind eine Reihe von Einwänden
gegen die Berechtigung der allgemeinen Anwendung des
Kohlensäuremafsstabes erhoben, welche nachstehend erwähnt werden mögen.

Es mufste infolge der Entwicklung der bakterio-
logischen Wissenschaft dem Staube der Zimmerluft eine
sehr erhöhte Bedeutung als Gesundheitsschädigung beigemessen werden, und konnte es nicht unerwogen bleiben,
dafs die Ansammlung des Staubes nicht gleichmäfsig
mit der Vermehrung der Atmungskohlensäure einhergeht,
wenn auch im allgemeinen die durch die Anwesenheit
von einer gröfseren Anzahl von Menschen verschlechterte
Luft meist staubhaltiger ist als die Luft schwach mit
Menschen besetzter Räume.

Man hat zutreffend angeführt, dafs bei gleicher Kohlensäureausscheidung ein Mensch mit unreinlichen Kleidern
und unreinlicher Haut die Wohnungsluft um ebensoviel

verschlechtert wie mehrere reinliche Personen zusammen-
genommen.

Man hat festgestellt, daſs die Beimischung der Kohlensäure an sich (chemisch reiner Kohlensäure) zur Zimmerluft in der Menge, wie sie in den allermeisten Fällen
der Luftverschlechterung durch Atmung und durch Hauttätigkeit erzeugt zu werden pflegt, überhaupt keinen un-
günstigen Einfluſs auf die Gesundheit und das Wohlbefinden auszuüben vermag.[1] In den bekannten Fällen,
wo es bei der Zusammendrängung einer gröſseren Menschen-
masse in engen, festgeschlossenen Räumen, wie von Kriegs-

---

[1] Bis in die neueste Zeit werden — selbst in Schriften über
Hygiene — irrigerweise die durch den Atmungsvorgang erzeugte
Anhäufung der Kohlensäure und die durch denselben veranlaſste
Minderung des Sauerstoffes der Luft, auch in den gewöhnlichen und
eigentlich überhaupt nur in Betracht kommenden Fällen der Verschlechterung der Zimmerluft, als Ursachen der Gesundheitsschädlichkeit der veratmeten Luft bezeichnet.

Einzelne Forscher haben mehrstündige Selbstversuche mit dem
Aufenthalt in einer Luft von $20\,^0/_{00}$, ja von $40\,^0/_{00}$ und mehr Kohlensäuregehalt angestellt, ohne Schaden zu nehmen. Hierbei war die
Kohlensäure chemisch hergestellt, also rein, und rührte nicht von
Atmung her. Arbeiter in Bergwerken fangen erst an unter Atmungs-
beschwerden zu leiden, wenn der Kohlensäuregehalt der Luft 30 bis
$40\,^0/_{00}$ überschreitet, wobei es sich ebenfalls nicht um Atmungskohlensäure handelt. In den gewöhnlichen Fällen der Luftverschlechterung der Zimmerluft durch Atmung handelt es sich um sehr viel
geringere Gehalte an Kohlensäure, als die vorerwähnten Kohlen-
säuregehalte. Selbst bei sehr schlecht gelüfteten, überfüllten Schul-
klassen wird der CO_2-Gehalt nur selten über $10\,^0/_{00}$ steigen.

Der gewöhnliche Sauerstoffgehalt der Luft von $21\,^0/_0$ kann, über-
einstimmenden Versuchen anerkannter Forscher zufolge, ohne
wesentliche Beeinträchtigung der Atmung und des Wohlbefindens,
auf etwa $15\,^0/_0$ sinken. Bei den gewöhnlichen Fällen der Luftverschlechterung handelt es sich aber um sehr viel geringere, durch
Atmung erzeugte Sauerstoffminderungen als die vorstehende. Ver-
gleiche: A. und H. Wolpert »Theorie und Praxis der Ventilation
und Heizung«, 4. Aufl., Bd. 3 Die Ventilation, S. 113 ff.

2

gefangenen nach einer Schlacht oder von Schiffsreisenden in einem engen Schiffsraume bei Sturm, zu allerdings massenhaften Todesfällen gekommen ist, hat es sich um hochgradige Belastung der Luft mit Kohlensäure, welche Belastung durch ein seltenes Zusammentreffen besonderer Umstände herbeigeführt ist, gehandelt.

Man hat beobachtet, dafs andere Beimengungen der verschlechterten Zimmerluft, namentlich der Wasserdampf, eine viel gröfsere Einwirkung auf unser Wohlbefinden und auf unsere Gesundheit ausüben, als die Kohlensäure dies tut. Die Ausscheidung des Menschen an Wasserdampf durch Atmung und Hauttätigkeit ist eine sehr bedeutende. Sie wird oft das Mafs von 1,2 kg in 24 Std. erreichen. Nach den bedeutsamen Ergebnissen der Versuche von M. Rubner und Dr. v. Lewaschew[1]) bedingt die Luftfeuchtigkeit wesentliche Veränderungen unserer Lebensbedingungen. Sie vermag namentlich in Verbindung mit Wärme in aufserordentlich hohem Grade der Leistungsfähigkeit unseres Körpers Schranken zu setzen. Aus den gedachten Versuchen ergibt sich, »dafs zu trockene Luft jedenfalls bei hohen wie bei niederen Temperaturen ein kleineres Übel als feuchte Luft ist, und dafs die bisher angenommenen Nachteile trockener Luft arg übertrieben sind.« Es wurde eine Temperatur von 24⁰ bei 96% rel. Feuchtigkeit der Versuchsperson in dem für diese Untersuchungen angewandten Pettenkoferschen Respirationskasten auf die Dauer unerträglich und wurde der Versuch nur bei vollkommener Muskelruhe möglich; ebenso war es in späteren Versuchen bei 24⁰ und 80% rel. Feuchtigkeit. Die Personen hatten hochgradiges Bangigkeitsgefühl, und liefsen sich die bezüglichen Versuche nur mit grofser Selbstüberwindung der Versuchspersonen beendigen.

---

[1]) Archiv für Hygiene, Bd. 29 (1897).

Was die auf obige zahlreiche Erwägungen und For-
schungsergebnisse sich stützenden Einwände gegen die
Berechtigung des Kohlensäuremaſsstabes schlieſslich sehr
unterstützte, war das Nichtfinden — trotz langjähriger Versuche — des von Pettenkofer angenommenen Atmungs-
giftes. Man nahm vielfach die von Hermans aus seinen
Versuchen mit dem Respirationsapparat gezogene Schluſs-
folgerung als zutreffend an, daſs die von gesunden Menschen durch Atmung und Hauttätigkeit ausgeschiedenen
Gase nur aus Kohlensäure und Wasserdampf beständen,
sowie daſs es das vielerörterte Atmungsgift (Anthropotoxin) überhaupt nicht gäbe.

Unter allen diesen Verhältnissen ist es nicht ver-
wunderlich, daſs man sich auch von beachtenswerter
Seite nach einem anderen als dem Kohlensäuremaſsstab
für die Kennzeichnung der Luftverschlechterung umsah.

Da auch auſserdem der Feuchtigkeitsgehalt der Luft
einen viel gröſseren Einfluſs auf unser Wohlbefinden und
auf unsere Gesundheit ausübt als der Gehalt der Luft
an Kohlensäure, deren Anwachsen durch die Atmung
überdies das Maſs des vom Menschen ausgeschiedenen
Wasserdampfes nicht erkennen läſst, wurde von einzelnen
dieser Feuchtigkeitsgehalt als empfehlenswerterer Maſsstab für die Luftverschlechterung bezeichnet. Es wurden
auch in diesem Sinne stufenweise für bestimmte Wärmegrade der Zimmerluft obere Grenzen für die zulässigen
Grade der rel. Luftfeuchtigkeit empfohlen.

Gegen diese Versuche der Einführung der rel. Feuchtigkeit als Maſsstab für die Luftverschlechterung (Dampfmaſsstab) an Stelle des Kohlensäuremaſsstabes ergeben
sich indessen erhebliche Bedenken.

Der Gehalt der mittels der Lüftungsanlagen einzuführenden Auſsenluft an Kohlensäure ist annähernd be-
ständig (0,3 %), während der Feuchtigkeitsgehalt dieser
Auſsenluft sehr erheblichen Schwankungen unterliegt. Der

Feuchtigkeitsgehalt wechselt zwischen weniger als 1 g
und mehr als 20 g für 1 cbm Luft.

Auch die Ausscheidung des Menschen an Kohlensäure, die uns bisher in ihrer Anhäufung in der Zimmerluft für die Berechnung der Lüftungsanlagen das Maſs
der Luftverschlechterung und die Menge der zur genügenden Verdünnung dieser Anhäufung einzuführenden Frisch-
luft angab, schwankt zwar nach Alter der Person, und ob
die Person in Ruhe oder in·Bewegung ist, zwischen 9 und
51 l stündlich: es läſst sich indessen dafür ein für die
Berechnungen brauchbarer Durchschnittswert leicht fest-
stellen, z. B. für kräftige Personen je 20 l.

In viel erheblicherem Maſse als diese Kohlensäureausscheidung wechselt beim Menschen die Ausscheidung
durch Atmung und Hauttätigkeit an Wasserdampf je
nach Luftwärme, Arbeit, Lufttrockenheit, so daſs sich
für das Maſs dieser Ausscheidung nicht so leicht ein zu-
treffender Durchschnittswert angeben läſst.

Der Dampfmaſsstab würde also sowohl für die Berechnung der von in einem Raume befindlichen Personen
zu erwartenden Luftverschlechterung als auch der von
auſsen einzuführenden Frischluftmenge einer Lüftungsanlage kaum eine sichere Unterlage bieten. Da auſser
den menschlichen Ausscheidungen auch andere Ursachen,
die wir bei Berechnung von Lüftungsanlagen gewöhnlich
nicht zu berücksichtigen haben, den Feuchtigkeitsgehalt
der Zimmerluft oft überwiegend beeinflussen, was bezüglich des Kohlensäuregehaltes lange nicht so sehr der
Fall ist, so wird man doch nicht umhin können, die
Zweckmäſsigkeit des Kohlensäuremaſsstabes anzuerkennen
und seinen Vorzug vor dem Dampfmaſsstab, sowohl für
die Berechnung des Ventilationsquantums als auch für
die Prüfung der Leistung von künstlichen Lüftungsanlagen
zuzugestehen. Für die Erledigung dieser gewöhnlichen

und wichtigsten Aufgaben würde der Dampfmaßstab im allgemeinen unanwendbar sein.

Wir haben uns bei den Ausführungen über diesen Gegenstand auf die Auslassungen von A. und H. Wolpert stützen können [1]).

Auch Rubner läßt sich bezüglich des Vorhabens, an Stelle des Kohlensäuremaßstabes ein anderes Vergleichsobjekt zu wählen, z. B. die Wasserdampfanhäufung der Luft, dahin aus [2]): »daß sich dies aus mancherlei praktischen wie wissenschaftlichen Gründen nicht empfehle.«

»Im allgemeinen wird man« — so sagt er — »wenn man möglichst reine Luft anstrebt, eine ganz wesentliche Abweichung von dem nach Pettenkofer angenommenen Grenzwert für die durch den menschlichen Aufenthalt verdorbene Luft nicht als begründet erachten können; denn in dieser Anhäufung der von den Menschen herrührenden Kohlensäure liegt zugleich ein Ausdruck für die im hygienischen Sinne hochbedeutsamen Einflüsse der Wohnungsüberfüllung.« Rubner führt auch aus, daß es untunlich sei, von einem normalen Wassergehalt der Luft zu sprechen, welcher entweder in gesunden Gegenden sich finden solle oder welchen man in Wohnungen immer anzustreben habe; nur für genau bestimmte Fälle, z. B. für einen bestimmten Wärmegrad, ruhende oder arbeitende Menschen, mittlere Ernährung, lassen sich solche gewünschte Normalwerte geben.

A. und H. Wolpert halten eine relative Feuchtigkeit der »Zimmerluft« von 40—60% bei 20° für die den verschiedenen Körperkonstitutionen angemessenste, für die hygienisch richtige [3]). Diese Feuchtigkeitsgehalts-

---

[1]) A. u. H. Wolpert: Die Ventilation; a. a. O. S. 140 und an anderen Stellen

[2]) Rubner, »Lehrbuch der Hygiene«, Aufl. 1903, S. 199 ff.

[3]) A. u. H. Wolpert, a. a. O, Bd. 2: »Die Luft und die Methoden der Hygrometrie«, S. 138 ff.

grenzen entsprächen auch den beiden Durchschnitts-
werten, welche aus den bezüglichen Annahmen einer
Anzahl der mafsgebendsten Forscher ermittelt sind. Nach
A. und H. Wolpert möge man bei etwas zu hoher
Temperatur für die Zimmerluft 40 % rel. Feuchtigkeit
oder etwas darunter als untere Grenze anstreben, in
nicht recht genügend warmer Zimmerluft 60 % oder etwas
mehr als obere Grenze.

In gewissen Fällen wird die Anwendung des Dampf-
mafsstabes neben dem Kohlensäuremafsstab für unerläfs-
lich zu halten sein; z. B., wenn es sich um die Luftverschlechterung körperlich arbeitender Menschen handelt,
bei denen die Wasserdampfausscheidung bekanntlich eine
gesteigerte ist. Hier wird öfter die nach dem Kohlensäuremafsstab berechnete Lüftungsmenge nicht für die
genügende, im Gesundheitsinteresse zu fordernde Verdünnung der durch die Menschen ausgeschiedenen
Wasserdampfanhäufung ausreichen.

Es werden auch Fälle eintreten, wo eine sehr starke
Überhitzung des Raumes zu berücksichtigen ist, wo dann
der Wärmemafsstab Platz zu greifen hat.

Sehr oft bemifst man die stündlich zu fördernde
Luftmenge nach Erfahrungssätzen, namentlich nach dem
Vielfachen des Inhaltes des zu lüftenden Raumes.

Wie erwähnt, hatte das angeblich von Hermans
erwiesene Nichtvorhandensein des Anthropotoxins wesentlich zur Bemängelung des Kohlensäuremafsstabes bei-
getragen. Von vereinzelter Seite hatte man sogar auf Grund
den Hermansschen Behauptungen die Gesundheitsschädlichkeit der durch Atmung verschlechterten Luft
angezweifelt. Rubner bemerkt a. a. O. S. 199 zu den
Hermansschen Versuchen: »Hermans hat Menschen
in einem sehr engen Raume sich aufhalten lassen, ver-
mochte dabei aber einen Nachweis von Verunreinigungen
der Luft (aufser Kohlensäure) nicht zu erbringen, doch

sind die Methoden eines derartigen Nachweises nicht
ausreichend scharf gewesen. Um der Luft einen bemerk-
baren Geruch zu verleihen, dazu reichen die minimalsten
Quantitäten von Stoffen hin, welche viel zu gering sind,
als dafs sie mittels chemischer Methoden, die Hermaus
anwandte, aufgefunden werden könnten.«

Für die Stellungnahme zu den vorbesprochenen Fragen
ist das Ergebnis der im Jahre 1902 von Dr. H. Wolpert
im Hygienischen Institut zu Berlin ausgeführten Versuche[1]),
welche die Abhängigkeit der Kohlensäureabgabe des Menschen von der durch seine eigene Atmung veranlafsten
Luftverschlechterung nachweisen sollten, von erheblichem
Werte. Die Versuche wurden mittels des Pettenkoferschen Respirationsapparates (luftdichter Kasten) ausgeführt.
Der Kohlensäuremafsstab erhält durch sie, wie schon vor-
weg bemerkt werden mag, eine wesentliche Stütze.

Wolpert zieht aus den Ergebnissen der Versuche
folgende Schlüsse:

  1. In unzureichend gelüfteten Räumen wird durch
     die sich ansammelnde Ausatemluft die Kohlen-
     säureausscheidung des Menschen herabgesetzt;
  2. Die reine Kohlensäure hat eine derartige Wirkung
     nicht; ebensowenig können andere bekannte Um-
     stände hierfür verantwortlich gemacht werden;
  3. Diese Verminderung der Kohlensäureausscheidung
     (der Versuchsperson) beträgt für je 1 $^0/_{00}$ im Raum
     sich anhäufender Kohlensäure zumeist $^1/_2$—1 l
     $= 3-5\%$ der normalen Ausscheidung.

Wolpert läfst es dahingestellt, wodurch die Verminderung der Kohlensäureabgabe veranlafst wird. Er
hält es aber durch die Versuche für erwiesen, dafs eine
solche Verminderung mit der durch Atmung erzeugten

---

[1]) Archiv für Hygiene, Bd. 47.

Luftverschlechterung in bewohnten Räumen, wofür das Ansteigen des Kohlensäuregehaltes der Raumluft einen Mafsstab bietet, einhergeht.

Beim Ansteigen des CO_2 Gehaltes der Luft in einem Raume über $5\,^0/_{00}$ hinaus, läfst die Minderung der Kohlensänreabgabe des darin befindlichen Menschen erheblich nach. Das Gesetz gilt also voll ungefähr nur bis zu einer Grenze von $5\,^0/_{00}$ CO_2·Gehalt. Innerhalb dieser Grenze liegen indessen die meisten Fälle der Luftverschlechterungen, und darüber hinaus bleibt der Zustand der bis dahin verminderten Kohlensäureausscheidung bestehen.

Die Kohlensäureausatmung des Menschen steht in enger Beziehung zu dem Ernährungsvorgange und kann als einigermafsen getreuer Ausdruck für die in gleichem Sinne wachsende und sich mindernde Kraft der Ernährung gelten. Die Tatsache einer durchaus nicht belanglosen Herabsetzung der Ernährung durch ausgedehnteren Aufenthalt in veratmeter Luft dürfte nicht von der Hand zu weisen sein, ergeben doch die besprochenen Versuche und die vorangeführten Zahlen, dafs die normale Kohlensäureausatmung des Menschen durch die bezeichneten Luftverschlechterungen gar nicht selten um 20% und mehr herabgesetzt wird.

Das Ergebnis der erwähnten Wolpertschen Versuche spricht nicht allein für den Kohlensäuremafsstab, sondern auch für die grofse gesundheitliche Bedeutung reiner, nicht veratmeter Luft, welche Bedeutung in jüngster Zeit, wie erwähnt, hie und da selbst von einzelnen Hygienikern als nicht gar so erheblich hingestellt wurde. Die durch Atmung veranlafste Luftverschlechterung ist überdies, mit vorkommenden Ausnahmen, vielfach, wie ebenfalls schon erwähnt, der Anzeiger für die sie häufig begleitende und die Gesundheitsschädlichkeit der Zimmerluft stark erhöhende Anhäufung von Staub in letzterer. Auch wirkt, wie nachstehend erörtert werden soll, die durch die Verbrennungserzeugnisse der künstlichen Beleuchtung veranlaßte Luftverschlechterung auf die Kohlensäureausatmung des Menschen ganz ähnlich herabsetzend ein, wie die durch Atmung erzeugte Luftverschlechterung dies tut.

Bezüglich der Staubansammlung sei nach Wolpert »Die Ventilation« a. a. O. bemerkt, daß nach den Staubkörperchenzählungen von Aitken (mittels des Konimeters) und von anderen die Zahl im Kubikzentimeter Luft im Freien zumeist hunderte bis tausende von Staubkörperchen, in großen Städten bis hunderttausende, im Zimmer hunderttausende bis Millionen beträgt. Die Zahl der Luftbakterien im Kubikmeter Luft bewegt sich zwischen einigen hunderten im Freien, und beträgt sie zumeist mindestens ungefähr 1000 im Zimmer, zuweilen in letzterem viele tausende, in besonderen Fällen 100000 und mehr. Die Bakterienzahl steigt und fällt mit der Staubkörperchenzahl.

Zur Feststellung des angedeuteten Einflusses der künstlichen Beleuchtung auf die Kohlensäureausscheidung des Menschen hat H. Wolpert ebenfalls im Jahre 1902 Versuche ausgeführt.[1] Die Versuche sind mittels des Zuntzschen Respirationsapparates angestellt und ergaben, »daß die Ansammlung von Beleuchtungsprodukten in Wohnräumen in der Regel zur Folge hat, daß die Atmung und insbesondere die Kohlensäureabgabe des Menschen herabgesetzt wird«. Die Herabsetzung der Kohlensäureabgabe bei Leuchtgas, Petroleum und Kerzen betrug etwa 3% für je $1\%_0$ Mehrung des Kohlensäuregehaltes der Zimmerluft.

---

[1] H. Wolpert, »Über die Beziehungen zwischen menschlicher Atmung und künstlicher Beleuchtung.« Arch. f. Hyg., Bd. 47.

Gleichzeitig mit obigen, ebenfalls von H. Wolpert ausgeführte Versuche liefsen ihn zu folgender Schlufsfolgerung kommen, was hier nebenbei angeführt werden möge:

»In kleinen Wohnräumen kommt es infolge der Luftverschlechterung durch Lampe und Menschen unschwer dahin, dafs eine (Petroleum-) Lampe allmählich bis um 50 und mehr Prozent von ihrer Lichtmenge einbüfst.«

K. B. Lehmann in Würzburg[1]) stellte fest, dafs die Atmungsluft im Augenblicke der Einatmung bei gewöhnlichen Verhältnissen bei den von ihm angestellten Versuchen nie weniger als den dreifachen CO_2-Gehalt der Zimmerluft aufwies. Er erklärt dies dadurch, dafs der ruhende Mensch sich mit einer Wolke seiner Ausatmungsluft umgibt. Die Einatmungsluft im Freien, hatte, selbst bei Windstille, bei entsprechenden Versuchen ebenso im Augenblick der Einatmung gemessen den normalen CO_2-Gehalt.

H. Wolpert hat nachgewiesen[2]), dafs die CO_2-Ausatmung des Menschen für die gewöhnlichen Wärmegrade bei bewegter Luft erheblich höher ist als bei unbewegter Luft.

Diese beiden Feststellungen sowie die vorbesprochenen Versuchsergebnisse sind auch als wertvolle Beiträge zur Erklärung der unter gewissen Verhältnissen sehr erhöhten Heilwirkung des Aufenthaltes im Freien gegenüber dem Zimmeraufenthalt anzusehen, von welcher Heilwirkung in neuerer Zeit in stets steigendem Mafse bei Behandlung von Tuberkulose und anderen Krankheiten ausgiebigster Gebrauch gemacht wird.

---

[1]) Archiv für Hygiene, Bd. 34, 1899.
[2]) Dr. H. Wolpert, »Über den Einflufs der Luftbewegung auf die Wasserdampf- und Kohlensäureabgabe des Menschen«. Arch. f. Hyg., Bd. 33, 1898.

Es dürften diese Versuchsergebnisse überhaupt als sehr wertvolle schon erreichte Erfolge in der Richtung der Bestrebungen zu begrüfsen sein, die Erklärung der Tatsache der Gesundheitsschädlichkeit der durch Atmung und durch künstliche Beleuchtung verschlechterten Luft auf sichere, wissenschaftliche Grundlagen zu stellen.

Wir haben bei den vorstehenden, vorwiegend wissenschaftlichen Erörterungen länger verweilt. Wir brauchen es jedoch kaum zu betonen, dafs die wissenschaftliche Begründung des Zweckes der Lüftung die unerläfsliche und befruchtende Grundlage der Lüftungstechnik bildet. Die Bestrebungen, die Lüftungsfrage befriedigend praktisch zu lösen, reichen ziemlich weit zurück. Sie heben an, als in den wissenschaftlichen Kreisen der Kulturvölker die sich allerdings nur auf Erfahrungstatsachen stützende Überzeugung von der Gesundheitsschädlichkeit schlechter Atmungsluft eine festbegründete geworden war.

In dieser Beziehung sei aufser den bereits erwähnten Mafsnahmen, die schon bei Gelegenheit des Neubaues des Zellengefängnisses Mazas zu Paris ergriffen wurden, und denen von der französischen Regierung schon damals eine so grofse Bedeutung beigemessen wurde, nur noch erwähnt, dafs im Jahre 1847 das englische Parlament die Bedeutung guter Luft für menschliche Aufenthaltsräume voll würdigte. In dem in jenem Jahre von dieser Körperschaft verabschiedeten Towns Improvement Clauses Act war in nachdrucksvoller Weise festgesetzt, dafs die behördliche Genehmigung zur Ausführung von Gebäuden mit Räumen für Versammlungen aller Art, wie Sälen für Lustbarkeiten und für Belehrung, sowie von Kirchen, Schulen u. dgl., nur dann zu erteilen wäre, wenn in den vor Baubeginn einzureichenden Entwürfen genügende Vorkehrungen zur Versorgung der Räume mit frischer Luft vorgesehen wären.

Wir möchten dazu übergehen, die durch die Anwesenheit des Menschen hervorgebrachte mefsbare Ver-
änderung der Atemluft in dem wichtigsten aller Aufenthaltsräume, nämlich in einem gewöhnlichen Wohnraume,
zu besprechen. Es soll dies an der Hand des Kohlensäuremafsstabes geschehen.

Pettenkofer stellte Versuche mit einem Raume
von 75 cbm Inhalt an. Derselbe war 4,4 m breit, 5,0 m
lang und 3,5 m hoch. Er fand, dafs bei 19° C Tempe-
raturdifferenz zwischen innen und aufsen unter gewöhnlichen Verhältnissen dem Raume in einer Stunde 75 cbm
frische Luft zuflöfsen. Bei einer Wärmedifferenz von 4° C,
wie sie im Sommer oft stattfindet, betrug der durch Kohlensäuremessungen festgestellte Luftwechsel nur 22 cbm und
bei Öffnen eines Fensters 42 cbm. Wenn der Kohlensäuregehalt in einem Raume nicht über die Grenze von
1 $^0/_{00}$ hinaus vermehrt werden soll, ist dem Raum für
jeden darin Anwesenden ein Mafs von je 31 cbm frischer
Luft zuzuführen. In dem vorbesprochenen Falle des
75 cbm grofsen Zimmers war also im Sommer der für
eine darin befindliche Person erforderliche Bedarf von
31 cbm an frischer Luft nur durch anhaltendes Offenhalten eines Fensterflügels zu beschaffen, da ohne dieses
Offenhalten die zufliefsende Frischluftmenge nur 22 cbm
betragen haben würde.

Prof. G. Recknagel in Augsburg, welcher in seinem
Buche »Die Lüftung des Hauses« Formeln für die Berechnung der durch die Anwesenheit von Menschen herbei-
geführten Änderung des Kohlensäuregehaltes der Luft
eines Raumes aufgestellt und ausgiebige bezügliche Tabellen aufgestellt hat, rechnet für das Beispiel des erwähnten Wohnzimmers von 75 cbm einen noch etwas
geringeren Luftwechsel heraus als er von Pettenkofer
festgestellt worden ist. Recknagel führt an, dafs man
bei mittleren Verhältnissen, bei Wärmeunterschieden

zwischen drinnen und draufsen von 5—15⁰ den natür-
lichen Luftwechsel, also den Einlafs frischer Luft durch
die Fugen der Fenster und Türen, durch die Poren der
Mauern usw., im allgemeinen nur zu $\frac{1}{4}$ des Inhaltes eines
Raumes in der Stunde in Ansatz bringen könne.

Nach diesen Recknagelschen Tabellen bleibt in
einem sehr grofsen Schlafzimmer von etwa 150 cbm Inhalt, in welchem zwei Erwachsene und zwei Kinder
schlafen, die Luft nur zwei Stunden lang leidlich gut,
und wird sie von da ab beklemmend. Auf diese Tatsache, meint Recknagel, ist vielleicht die Meinung
von der besonders wohltätigen Wirkung des vormitter-
nächtlichen Schlafes zurückzuführen.

Er hält es für unberechtigt, anzunehmen, dafs die
Forderung besonderer Lüftungsvorrichtungen für ein
Privathaus nicht dringlich wäre.

Als Lüftungseinrichtung für mit Einzelofenheizung
ausgestattete Privatwohnungen empfiehlt sich in erster
Linie die Einführung frischer Luft von aufsen mittels
eines zwischen Ofen und Wand oder sonst in der Nähe
des Ofens mündenden Zuleitungskanales. Im Winter
wird die eingeführte Luft infolge jener Lage des Kanales
vorgewärmt.

Statt der in Fig. 170 dargestellten Ausmündung des
Frischluftkanales kann auch ein Rohr durch den Kachel-
ofen hindurchgeführt werden[1]), welche Anordnung in
ähnlicher Weise seit lange zum Zwecke der Entlüftung
der Hohlräume unter Holzfufsböden und zur Begegnung
der Schwammgefahr gewählt wird. Das Rohr erhält,
wenn es Frischluftrohr ist, eine Drosselklappe.

Eine zweckmäfsige Art einer mit Kachelöfen verbundenen Frischluft-Zuführungsvorrichtung ist in der in

---

[1]) Das Deutsche Bauhandbuch, 1. Aufl., Bd. 2¹, S. 424 ff., stellt
mehrere bemerkenswerte Arten dieser Ventilationsöfen dar.

Halle a. S. erscheinenden Zeitschr. f. Heizungs-, Lüftungs-
und Wasserleitungstechnik, Jahrg. 1901/02, S. 211, dargestellt. Hersteller ist der Töpfermeister Emil Kohl in

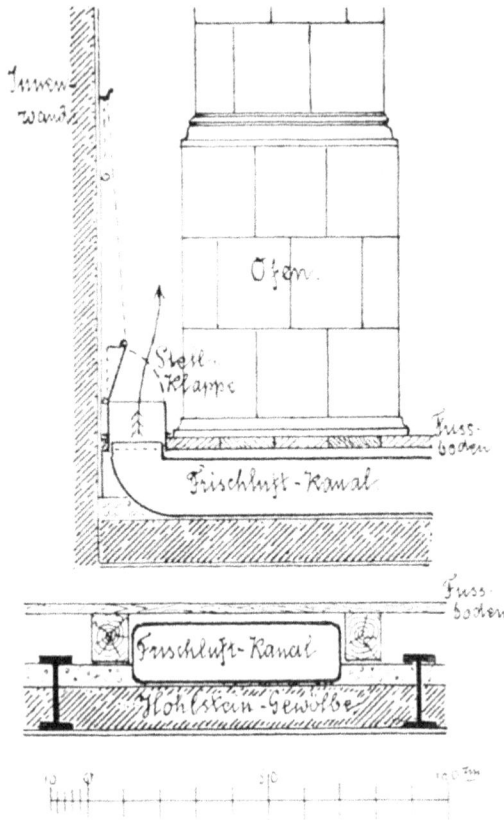

Fig 170

Bautzen. Das durch den Ofen geführte Eisenrohr erhält
dabei im Ofen eine starke Erweiterung. Da die Frisch-
luft wegen der Lage des Rohres innerhalb des Ofens
stärker angesaugt wird und daher eine gröfsere Geschwin-
digkeit in dem Zuleitungsrohr erhält, genügt für dasselbe

bis zu seinem Eintrit in den Ofen wohl ein verhältnismäfsig geringer Querschnitt.

Eiserne, mit Frischluft-Förderungsvorrichtungen ver-
bundene Öfen kommen in mannigfachen Herstellungen
(meist als Mantelöfen) vor, und sind sie gewöhnlich auch
zum Luftumlauf verwendbar.

Wenn der zu erzielende Luftwechsel gröfser sein soll,
ist dem Frischluft-Zuführungskanal bei allen obigen An-
ordnungen ein Abführungsrohr oder Schieber für die
verbrauchte Luft zuzufügen.

Nach der von Recknagel angestellten Berechnung
liefert ein Zuluftkanal der durch die Fig. 170 dargestellten
Art, von 40 cm zu 20 cm weitem Querschnitt, für einen
Raum von 126 cbm (5 zu 7 m) bei 25° Wärmeunterschied
stündlich 61,6 cbm frische Luft. Durch Hinzufügen eines
Abluftrohres oder einer mit Schieber versehenen Abluft-
öffnung von 0,06 qm Gröfse wird die Leistung des Zu-
luftkanales bei demselben Wärmeunterschied zwischen
drinnen und draufsen auf 196 cbm erhöht. Bei 5° Wärmeunterschied, der auch in Sommernächten kaum unter-
schritten wird, leistet die Anlage noch 90—100 cbm,
welche Luftmenge für ein mit zwei Erwachsenen und
zwei Kindern besetztes Schlafzimmer, deren Gesamtluft-
bedürfnis $2 \times 31 + 2 \times 15 = 92$ cbm beträgt, vollständig
ausreicht.

Die Betriebskosten einer Lüftungsanlage für zwei
Wohnzimmer am Tage und zwei Schlafzimmer des Nachts,
von der Art der eben besprochenen, mit einer Leistung
von 50 cbm frischer Luft für Zimmer und Stunde, be-
rechnen sich für eine Heizperiode von 180 Tagen zu-
sammen auf etwa ℳ 27. Die Kosten entstehen durch
die Vorwärmung der Zuluft und sind nach den erforderlichen Wärmeeinheiten berechnet. Die Aufwendung eines
jährlichen Betrages von ℳ 27 für die zu erreichenden

erheblichen gesundheitlichen Vorteile ist wohl als durchaus wirtschaftlich zu erachten.

Besonders wohltätig wird sich eine solche künstliche Lüftungsanlage für einen ans Bett gefesselten Kranken erweisen, der des Vorteils des für die Luftverhältnisse so günstigen Zimmerwechsels beraubt ist. Fensterlüftung in ausgiebiger Weise wird zudem in Krankenzimmern aus hygienischer Unkenntnis oder wegen der Umständlichkeit oft unterlassen, wird auch vielfach wegen des Zuges von den Kranken nicht vertragen.

Für die besprochene Lüftungsanlage wird die Luftzuführungsleitung bei Neubauten meist unter den Fußboden gelegt. Da bei nachträglicher Anlage einer solchen Vorrichtung ein Aufreißen des Fußbodens untunlich ist, wird in dem Falle die Luftzuleitung zweckmäßig nicht als Kanal, sondern als freiliegendes Rohr hergestellt und etwa oberhalb der Türen liegend angebracht. Verfasser hat in einem kleinen Zimmer seiner Wohnung, dessen natürlicher Luftwechsel für den Gebrauch als Schlafzimmer einer Person sich nicht als ausreichend erwies, mit gutem Erfolge eine solche Frischluftzuleitung nachträglich ausführen lassen. Das Rohr hat 13 cm Durchmesser. Es kommt von außen und durchbricht die Fensterwand. Es ist zwischen Wand und Ofen hergeführt und hat eine mit Stellklappe versehene und nach aufwärts gerichtete Ausströmungsöffnung (Fig. 171). Das Rohr ist, um den Zug in der Richtung nach dem Zimmer zu sichern, auf eine Strecke mit Wärmeschutzmasse umkleidet. Die durch das Rohr ins Zimmer gelangende frische Luft wird im Winter, vermöge der Lage des Rohres am Ofen, angewärmt und verursacht deshalb keinen Zug.

Was die Entfernung des Staubes aus der Zimmerluft betrifft, so mag hier nur an einige Tatsachen kurz erinnert werden. Die Wirkung der künstlichen Lüftung auf die Entfernung des Staubes ist eine beschränktere

als auf die Fortschaffung der gasigen Verunreinigungen.
Der Staub setzt sich überraschend schnell in ruhender
Luft ab, und ist er dann mittels feuchter Tücher u. dgl.
verhältnismäfsig leicht zu entfernen. In der Gewerbehygiene werden zur Absaugung der mit dem schädlichen

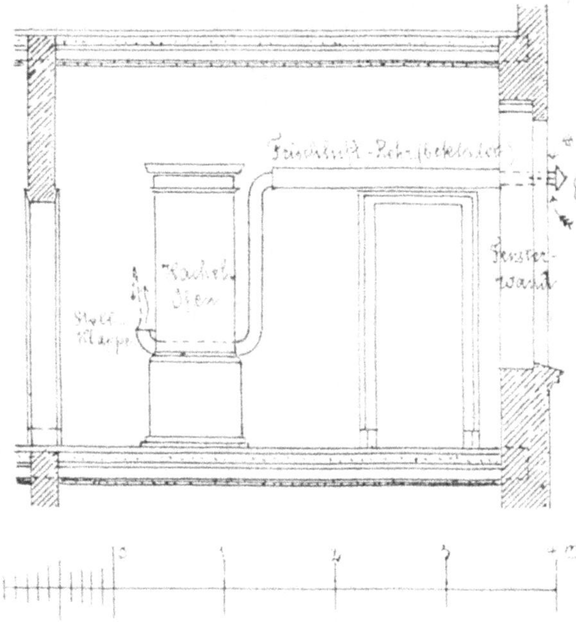

Fig. 171.

Staube belasteten Luft Geschwindigkeiten erzeugt, die im-
stande sind, den Staub mit sich zu führen.

Man kann die Staubbildung in mit künstlichen Lüftungsanlagen versehenen Räumen wesentlich einschränken,
wenn die äufseren Einströmungsöffnungen der Frischluft-
kanäle an staubfrei gehaltene, mit Pflanzungen besetzte
Orte, die reichlich mit Wasser gesprengt werden, gelegt
werden. In die Zuleitungskanäle werden, neben anderen
Vorrichtungen, Kammern mit erweitertem Querschnitt
zur Absetzung des Staubes eingefügt.

Für die Entfernung staubiger Luft aus einem Zimmer empfiehlt sich die Herstellung von Gegen- oder Durchzug bei Fensterlüftung bestens, da hierbei größere Luftgeschwindigkeiten auftreten. Im allgemeinen muß in bezug auf Freihaltung der Aufenthaltsräume von Staub der Sauberkeit ein sehr großer Wert beigemessen werden. Als bekannt darf vorausgesetzt werden, daß in Krankenhäusern die Oberfläche der Wände, die Zimmerecken, der Fußboden, der Wandanstrich usw. derart gestaltet werden, daß der Staub sich nicht ablagern und der trotzdem abgelagerte leicht entfernt werden kann.

In unseren Wohnungen ist der Ofenaufsatz mit seiner oberen rauhen, muldenförmigen Fläche ein Hauptstaubfänger. Es empfiehlt sich, diese obere Fläche bei Einschränkung oder Fortlassung der oberen Abschlußgesimse des Ofens als flachabgedachte Pyramide zu gestalten und letztere auch mit glatten Kacheln zu belegen, damit eine öftere Reinigung der so hergestellten Abdachung des Ofens von unten her möglich ist.

Für die Besprechung der Frage der Lüftung der Privatwohnungen wird es nicht ohne Nutzen sein, einiges über den Stand der Lüftungsfrage der öffentlichen Versammlungsräume hier anzuführen.[1] Insbesondere mit den Luftverhältnissen der Versammlungsräume haben sich die wissenschaftlichen Untersuchungen eingehender beschäftigt, und bieten die Ergebnisse jener Untersuchungen, namentlich die planmäßigen Kohlensäuremessungen, auch für die Darstellung der Luftverhältnisse der Wohnungen einen Anhalt.

Kohlensäuremessungen in Schulzimmern sind seit etwa drei Jahrzehnten in größerer Zahl ausgeführt worden. Sie haben die Schulluft, zumal in Volksschulen,

---

[1] Vgl. auch die Schrift des Verf.: »Mitteilungen über die Luft in Versammlungssälen, Schulen und in Räumen für öffentliche Erholung und Belehrung«, München und Berlin 1901.

meist als sehr verdorben erscheinen lassen. In Schulräumen, die keine besonderen Lüftungsvorrichtungen auf-
wiesen und welche auf die natürliche Lüftung angewiesen
waren, betrug der Kohlensäuregehalt der Zimmerluft nach
diesen Messungen nach der ersten Unterrichtsstunde in
der Regel 3—4 vom Tausend und am Ende der dritten
und vierten Stunde 6—8 $^0/_{00}$, selbst wenn der Luft-
raum der Klasse im Verhältnis zur Schülerzahl ein ausgiebiger war. Der Pettenkofersche Grenzwert von 1$^0/_{00}$
fand sich meist um ein sehr Vielfaches überschritten.

Im Jahre 1883 hat Prof. Rietschel in amtlichem
Auftrage ausgedehnte Kohlensäuremessungen in zwölf
Berliner höheren Schulen bzw. Lehranstalten ausgeführt.
Die Anstalten waren meist mit den damals vielfach zur
Ausführung gebrachten Luftheizungen versehen. Die
Untersuchungen ergaben, daſs bei den neueren dieser
Anlagen, bei denen weniger Ausstellungen zu machen
waren, nach fünfstündigem Unterricht die Pettenkofer-
sche Grenze im allgemeinen nur um 0,5—1,5 vom Tau-
send Kohlensäuregehalt überschritten wurde. Dieses ist
ein sehr günstiges Ergebnis im Vergleich zu den Ergebnissen, welche sich bei den Luftuntersuchungen von
Schulräumen, die keine Lüftungsanlagen besaſsen, heraus-
gestellt hatten.

Man kann wohl allgemein sagen, daſs in Räumen,
in denen eine Anhäufung von Personen stattfindet, und
wo Einzelofenheizung vorhanden ist, bei der Lüftungseinrichtungen in der Regel fehlen, die Luft hochgradig
verdorben sein wird. Wo dagegen solche Räume mittels
Sammelheizungen, welche mit planmäſsig angelegten
Lüftungseinrichtungen verbunden zu sein pflegen, er-
wärmt werden, wird die Atemluft meist gut oder doch
erträglich sein.

Die fortschreitende Ausbreitung der Sammelheizungsanlagen in öffentlichen Aufenthaltsräumen wird im all-

gemeinen gleichbedeutend sein mit einem erheblichen Fortschritt bezüglich der Güte der Luft in jenen Räumen. Eine Statistik der Verbreitung der Sammelheizungsanlagen würde also auch von erheblichem Werte sein für eine etwaige Statistik über die Beschaffenheit der Luft in öffentlichen Aufenthaltsräumen.

Diese Erfahrung, daſs es mit den Luftverhältnissen in Versammlungsräumen dort nicht gut bestellt ist, wo Einzelofenheizung vorherrscht, trifft insbesondere für die ländlichen Schulen zu. Bei ihnen ist die Anwendung der Sammelheizungen und der mit diesen verbundenen künstlichen Lüftungsanlagen naturgemäſs bisher ausgeschlossen gewesen.

Selbst bei den gewöhnlich im übrigen baulich vortrefflich ausgeführten Neuanlagen von Landschulhäusern begnügt man sich vielfach jetzt noch mit einem Absaugemauerrohr von nicht genügendem Querschnitt. Wie erwähnt, ist solch ein Absaugerohr, zumal für ein Schulzimmer, überhaupt nur von beschränktem Wert. Eine lehrreiche Sammelforschung des Kreiswundarztes Dr. Solbrig über äuſsere Schulverhältnisse, angestellt für vier schlesische Landratskreise, ergibt, daſs es auch selbst an bescheidenen Lüftungseinrichtungen in ländlichen Schulen noch mangelt.

Die vorher beschriebene Lüftungsvorrichtung für ein Wohnzimmer, welche aus Frischluftkanal und Luftabführung bestand, lieferte für ein Zimmer von 126 cbm, allerdings bei 25° C Wärmeunterschied, 196 cbm frische Luft, ergab also einen 1,4 fachen oder rd. $1\frac{1}{2}$ fachen Luftwechsel in der Stunde. Mit einer entsprechenden Lüftungsvorrichtung würde man auch für ein mit Einzelofenheizung versehenes Landschulzimmer einen 1,5 fachen Luftwechsel erzielen können. Bei geringerem Wärmeunterschied zwischen drinnen und drauſsen würde die Anlage nur einen geringeren als $1\frac{1}{2}$ fachen Luftwechsel hervorbringen, z. B.

bei 9° Wärmeunterschied einen einfachen. Bei wärmerer Aufsentemperatur läfst sich indessen eher mit Fensterlüftung nachhelfen.

Bei einem $1^1/_2$ fachen Luftwechsel würde — in ganz ungefährer Schätzung — der Kohlensäuregehalt nach dreistündigem Unterrichte auf 3—4 vom Tausend eingeschränkt bleiben, während er ohne eine wirksame Lüftungsvorkehrung unter mittleren Verhältnissen 6—8 vom Tausend beträgt. Zwar würden durch die besprochene Lüftungseinrichtung die Forderungen der Gesundheitslehre noch lange nicht erfüllt sein, es würde aber immerhin sehr viel mit ihr gewonnen werden. Es ist also nicht ausgeschlossen, dafs für die ländlichen Schulen in bezug auf die Beschaffenheit der Klassenluft befriedigendere Zustände herbeigeführt werden können, und dafs die kaum zu verkennende diesbezügliche Rückständigkeit der Landschulen gegenüber den schon vielfach mit Sammelheizungs- und Lüftungsanlagen versehenen städtischen Volksschulen, wenigstens zum Teil, ausgeglichen werden kann. Gleich ausgedehnte Luftprüfungen mittels Kohlensäuremessung, wie sie für Schulräume ausgeführt worden sind, sind für Konzertsäle, Kirchen, Theater u. dgl. nicht angestellt worden. Wenn der Aufenthalt in letzteren meist nur ein vorübergehender ist, ist doch zu berücksichtigen, dafs sie vielfach abends benutzt werden, und dafs die Luftverschlechterung durch die künstliche Beleuchtung erhöht wird.

Besonders bedenklich pflegt in Wirtshäusern, Räumen für öffentliche Lustbarkeiten u. dgl. die Luftverschlechterung zu sein, da hier zu der sonstigen Luftverderbnis noch die schädliche Anreicherung der Luft mit Tabaksrauch hinzukommt. Es fällt hier auch ins Gewicht, dafs die Wirtshäuser in ihrer gröfseren Masse noch viel seltener mit Sammelheizungs- und Lüftungsanlagen versehen sind als die anderen öffentlichen Aufenthaltsräume.

Im Hinblick auf die erheblichen Gefahren für die
Volksgesundheit, die durch die Luftverschlechterung
öffentlicher Versammlungsräume, in denen ein gröfserer
Zusammenflufs von Menschen stattfindet, erzeugt werden,
wirft sich die Frage auf, wie diesen Gesundheitsbedrohungen
am ehesten zu steuern ist.

Wir haben bereits erwähnt, dafs in England in einem
Parlamentsbeschlufs schon vom Jahre 1847 festgesetzt
worden ist, dafs die behördliche Genehmigung zum Bau
derartiger Versammlungssäle nur dann erteilt werden
darf, wenn durch die der Behörde vorher einzureichenden
Entwurfsvorlagen der Nachweis genügender Versorgung
der in dem auszuführenden Bau enthaltenen Säle usw.
mit frischer Luft geführt ist.

Ich glaube, dafs auch bei uns die Verhältnisse,
namentlich in Grofsstädten, darauf hindrängen, dafs eine ähnliche Bestimmung erlassen werde, und dafs für den Neubau
besonders umfangreicher und wichtiger öffentlicher Versammlungsräume ausreichende Lüftungsanlagen behördlich
vorgeschrieben werden. Es besteht in Preufsen ein Erlafs des Herrn Ministers des Innern vom 26. August 1886,
der die Erteilung der Konzession für Gast- und Schank-
wirtschaften betrifft und der den Nachweis von Vorrichtungen zur Erzeugung eines genügenden Luftwechsels
für die betreffenden Räume fordert. Der Erlafs dürfte
jedoch nicht für völlig ausreichend zu erachten sein, da
er auf nur eine der zahlreichen Arten der öffentlichen
Aufenthaltsräume sich beschränkt, und da den konzession-
erteilenden Dienststellen meines Wissens wohl nur in
Ausnahmefällen technische Kräfte zur Verfügung stehen.
Der Erlafs würde eine viel weitergehende Wirksamkeit
ausüben, wenn bei seiner Ausführung die Mitwirkung
technisch geschulter Kräfte für die die Konzession erteilenden Dienststellen verbindlich gemacht werden würde.

Bezüglich des erörterten wünschenswerten Erlasses von Vorschriften, welche für die Neubauten gewisser öffentlicher Aufenthaltsräume genügende Lüftungseinrichtungen fordern, möge noch bemerkt werden, daſs bei der Abfassung der desfallsigen Bestimmungen selbstredend leicht derart vorgegangen werden könnte, daſs eine unnütze Erschwerung der Bautätigkeit durch dieselben ausgeschlossen bliebe. Die Vorschriften würden deshalb, wie angedeutet, auf solche Neubauten zu beschränken sein, bei denen der Umfang der Stadt, in welchem sie errichtet werden, sowie der Umfang und der Zweck der Versammlungsräume ein mit gefahrdrohender Luftverschlechterung verbundenes Zusammendrängen von gröſseren Menschenmengen auch wirklich erwarten lassen.

Es kann hierzu erwähnt werden, daſs die preuſsische Staatsbauverwaltung für die verschiedenen Arten der von ihr selbst zu errichtenden Neubauten, in welchen Versammlungssäle der obigen Art vorgesehen sind, genaue und nach wissenschaftlichen Ansprüchen vollständig ausreichende Vorschriften für die Beschaffung der zuzuführenden Frischluftmengen festgestellt hat. Es würde unseres Dafürhaltens den staatlichen Behörden nicht als Härte ausgelegt werden können, wenn diese für die Staatsbauten verbindlichen Vorschriften da, wo ein dringendes öffentliches Interesse vorliegt, in schonender Weise auch auf die zahlreichen von Kommunen, Gesellschaften und Privaten zu errichtenden, mit derartigen Versammlungsräumen zu versehenden Neubauten ausgedehnt werden würden.

Es liegt ein Vergleich nahe zwischen dem Schutze des Publikums vor Feuersgefahr und Paniken in Theatern, Konzertsälen u. dgl. und dem Schutze des Publikums vor den Folgen der Luftverschlechterung in Versammlungsräumen. Dieser Schutz vor Feuersgefahr und vor Paniken ist durch die vor etwa zwei Jahrzehnten in

dankenswerter Weise für Preußen erlassenen Vorschriften
gesichert. Feuersgefahr und Paniken in öffentlichen
Aufenthaltsräumen treten glücklicherweise an den einzelnen Menschen nur in Ausnahmefällen heran, während
die Schädigungen der Gesundheit durch Luftverderbnis
in jenen Aufenthaltsräumen, deren Umfang und Stärke
allerdings leider nicht auch nur durch annähernde Zahlen
der Sammelforschung dargestellt werden können, bei einem
größeren Teil der Bevölkerung allem Vermuten nach wenn
nicht jeden Tag, so doch sehr häufig sich fühlbar machen.

Außer der Luftverschlechterung, welche durch die
Atmung und Ausdünstung der Menschen sowie durch
den mit der Luft von außen in die Zimmer gelangenden
Staub veranlaßt wird, ist noch die Luftverschlechterung
zu erwähnen, welche in der Verunreinigung der Füllstoffe
der üblichen Zimmerdecken ihre Ursache hat.

Für die Herstellung der gebräuchlichen Zwischendecken ist der lose Füllstoff nicht zu entbehren. Seine
Masse bildet einen erheblichen Teil der ganzen Gebäude-
masse. Die Fußböden werden fast alle undicht, indem
sich durch das Zusammentrocknen der Holzbretter zwischen diesen klaffende Fugen bilden. Die Hauptursache
der Verunreinigung des Deckenfüllstoffes ergibt sich nun
daraus, daß der mit den Fußbekleidungen ins Zimmer
gebrachte Straßenschmutz, Abgänge des Haushaltes u. dgl.
mittels des zur Reinigung der Fußböden gebrauchten
Wassers durch die erwähnten Undichtigkeiten in das
Deckeninnere und in die Füllstoffe geschlemmt werden.

Ein weiterer Grund für die Verschmutzung dieser
Deckenfüllstoffe ist der, daß sie schon unrein in den
Neubau gebracht werden. Bis vor nicht langer Zeit
wurde mit organischen Stoffen durchsetzter Boden, namentlich aus dem Abbruch alter Gebäude gewonnener Schutt,
vielfach als Deckenfüllstoff für geeignet erachtet. Auch
die Verunreinigung des letzteren während des Baues

durch die Arbeiter und die Bauarbeiten kann eine beträchtliche werden.

Das Verdienst, auf diese Mifsstände in wirksamer Weise hingewiesen zu haben, gebührt insbesondere Prof. Emmerich in München. Mitteilungen über die von ihm vorgenommenen, sehr eingehenden Untersuchungen findet man auch in seiner Abhandlung ›Die Wohnung‹ im Handbuch der Hygiene und der Gewerbekrankheiten von v. Pettenkofer und v. Ziemssen.

Emmerich unterzog die Deckenfüllstoffe einer gröfseren Zahl sowohl von Neubauten als auch von älteren Wohngebäuden einer chemischen Untersuchung. Dabei erwiesen sich die von 12 Neubauten Leipzigs und Münchens entnommenen Proben so stark mit organischen Beimengungen durchsetzt, wie etwa der unreine Boden unter dem Pflaster der Grofsstadt es ist. Die Untersuchung der Deckenfüllstoffe von im Gebrauch befindlichen, allerdings alten und dichtbewohnten Häusern in Leipzig, Augsburg und Fulda zeitigte noch ungünstigere Ergebnisse. Der Glühverlust der entnommenen Proben, also der Gehalt an pflanzlichen Stoffen, betrug hier 55 bis 147 kg für das Kubikmeter. Ähnliche Verhältnisse wie hier werden sich nach Emmerich in den meisten Wohnhäusern älterer Städte vorfinden.

Die Anwesenheit der leicht in Fäulnis übergehenden pflanzlichen Stoffe der Deckenfüllstoffe macht sich unter anderem durch starke Entwicklung der Kohlensäure bemerklich. Emmerich wies in vorübergehend aufser Gebrauch gesetzten und geschlossenen Unterrichtsräumen bei natürlicher Ventilation eine Kohlensäurezunahme um $0,6\,^0/_{00}$ bis zu einem Gesamtgehalt von $1,39\,^0/_{00}$ nach. Diese Kohlensäurezunahme ist fast lediglich auf die Zersetzung organischer Teile der Deckenfüllstoffe zurückzuführen und kann als Mafsstab für die durch die Verunreinigung derselben erzeugte Luftverschlechterung angesehen werden.

Vallin stellte nach Emmerich fest, daſs in zeitweilig unbewohnten Kasernenzimmern, deren Fenster den ganzen Tag geöffnet geblieben waren, es genügte, die Fenster eine Viertelstunde lang zu schliefsen, um den bezeichnenden faden Kasernengeruch sich wieder verbreiten zu lassen, während in den mit Zementfufsböden versehenen Zimmern derselben Kaserne dieser Geruch überhaupt kaum aufgetreten war.

Daſs die Luftverschlechterung, welche auf die Verunreinigung der Zwischendecken-Füllstoffe zurückzuführen ist, für eine erhebliche erachtet wird, dürfte nach dem Gesagten wohl verständlich sein. Die bedenklichste Wirkung auf die Gesundheit wird den bei der Zersetzung jener Verunreinigungsstoffe entstehenden Fäulnisgasen zugeschrieben. Man nimmt auf Grund vieler beobachteter Tatsachen an, daſs diese Gase die Zellen des menschlichen Körpers angreifen und dessen Seuchenfestigkeit herabsetzen bzw. die Empfänglichkeit für Ansteckung erhöhen.

Was die Ansteckung der Bewohner durch die in den verunreinigten Füllstoffen gedeihenden Infektionsbakterien betrifft, welche, durch den Staub getragen, aus dem Deckeninnern in die Zimmerluft gelangen, so wird solche Ansteckung vielfach wohl mit gutem Grunde behauptet.

Betreffs der Beseitigung und der Verhütung der den Deckenfüllstoffen zur Last fallenden Luftverschlechterungen ist man ebenfalls auf eine möglichst ausgiebige Zimmerlüftung und noch mehr auf eine verbesserte Herstellung der Zimmerdecken bzw. der Zwischendecken angewiesen.

Die hier als bekannt vorauszusetzenden Mafsnahmen betreffs Herstellung gesundheitlich einwandfreierer Zimmerdecken beziehen sich auf die Verbesserung der Holzbalken-Zwischendecken, besonders aber auf den Ersatz der Holzbalkendecken durch die Eisensteindecken. Bei letzteren

ist der zur Verunreinigung Anlaſs gebende lose Deckenfüllstoff leicht entbehrlich, indem er durch feste, leichte,
künstliche Steinmasse ersetzt wird.

Dieser feste Füllstoff bietet die geeignete Unterlage
für die hygienisch dringend gebotene Herstellung eines
wasser- und staubdichten Fuſsbodens als oberen Ab-
schlusses des Deckeninnern, der als Estrich, Fliesen-
pflaster oder als Linoleumbelag hergestellt werden kann.

Die Bestrebungen auf Verbesserung der Holzbalken-
Zwischendecken selbst richten sich auf Ausschluſs un-
reinen Füllstoffes, sodann ebenso wie vorher auf Herstellung eines undurchlässigen Fuſsbodens sowie auf
Einfügung eines festen Füllstoffs bzw. auf Ersatz der
hölzernen Füllstoffträger durch massive.

Durch die Wahl eines undurchlässigen Fuſsbodens
wird gleichzeitig die hygienische Forderung erfüllt, daſs
die Decken gegen das Eindringen schlechter Luft aus
den darunter und darüber liegenden Räumen tunlichst
Schutz bieten sollen.

Zum Schlusse unserer Betrachtungen sei uns gestattet,
zwei Worte Pettenkofers über den Wert der Gesundheit, bei welchem Gegenstande er in seinen Schriften
gern verweilt, anzuführen. In seinen populären Vorträgen
sagt er: »Der Wert von Leben und Gesundheit, der Wert
der gesteigerten Lebenskraft und einer längeren Lebens-
dauer entzieht sich jeder Bezifferung; da kann ein ein-
ziger Tag Krankheit oft nicht mit vielen Tausenden ...
vergütet oder aufgewogen werden.« An einer andern
Stelle derselben Vorträge heiſst es: »Ja, die Krankheit
in Familien kostet nicht bloſs Geld durch Versäumnis
des Verdienstes, durch Ausgaben für Behandlung und
Pflege, sie lähmt auch häufig die Erwerbs- und Leistungsfähigkeit der Nächststehenden durch Seelenschmerz und
Teilnahme.«